U0925875

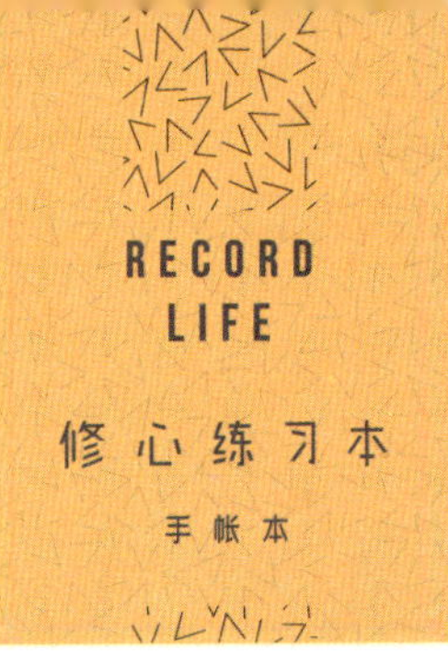
RECORD
LIFE
修心练习本
手帐本

Document
your life

Document
your life

Document
your life

Document your life

Document
your life

修心练习本

Building

YOURSELF AWARENESS

费勇
著

上海人民出版社

放眼望去，来来往往的、粗糙的、光鲜的、美丽的、丑陋的、年轻的、年老的、晃动着的面容，穿行在由高楼与高楼、街道与街道，以及公文、数字、契约、票据、身份证构成的几何形迷宫中，进行着一场无休止的竞赛，在我们面前的，似乎只有道路，永远没有出口。

生命是一场过于漫长或过于短暂的旅行，游戏的规则闪烁不定。我们追逐金钱、追逐名利、追逐声色、追逐神灵。从早到晚，忙忙碌碌，为每一枚新增的铜币、每一寸感官的享乐、每一点空洞的名声而欢喜，或者又不断地悲哀，不断地焦虑而后又不停地追逐。

有这样一个古老的传说：从前，在遥远的海上，有一个美丽的小岛，岛上藏着一部伟大的书，谁得到了这部书就能永生。通往小岛的道路充满艰难万险，无数的英雄为了探寻这部书付出了自己的生命。终于，有一个英雄成功地到达了小岛，取到了那部书，打开一看，发现每一页都只是一面镜子，照见的是他自己的容颜。

历经千辛万苦，上下求索，得到的真理是：你要回到你自己。回到自己，当然不是回到我们的容貌之上，容貌在岁月里像花一样盛开然后凋谢，永不凋谢的是我们灵魂的花朵，因此，回到自己，是回到我们的心灵。

在人事的纷杂喧闹中，我们向往并且追逐许许多多的东西，却唯独忘了我们自身，忘了我们的幸福源泉以及我们所要追逐的最终目标。在茫茫的尘世，在形形色色之中，我们能够依靠什么呢？一切有形的都会消逝，只有一种东西属于你自己，并且超越了有形无形，那就是你自己的心灵。自以为灯，自以为靠。

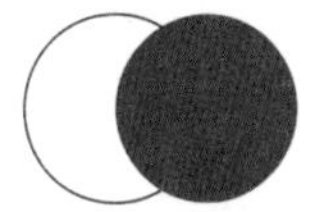

很多时候我们活得很累，不是因为生活本身有多累，而是我们困在了各种形式里，或者说困在了手段里。比如婚姻，比如工作等等，都不过一些形式，或手段而已，但我们把它们当成了目的，所以就成了压力，压得我们很累。

如果你明白这些不过是一种形式的东西，那么你也许可以用更轻松的态度置身其间，你会突然发现你在繁琐而牢狱般的世间，其实可以无碍而行。

德国哲学家席勒说："只有当人充分是人的时候，他才游戏；只有当人游戏的时候，他才完全是人。"所以，如果你觉得累，那可能是你把自己当作了骡子或牛，背负了太多的东西。如果你把自己当作人，一定不会累。如果你觉得累，那是因为你还没有把自己完完全全地当作人，如果你把自己当作人，你就会以游戏的态度来对待这个荒谬而一本正经的世界。

游戏的态度，是自然而然的态度。从前，有一个人问禅师："和尚修道，是否用功？"

禅师回答："用功。"

那个人又问："怎么用功呢？"

禅师回答："饿了就吃饭，困了就睡觉。"

那个人很疑惑："世上的人都是这样，难道他们也是像师傅您那样在修行？"

禅师回答："他们和我不同。"

那个人又问："如何不同？"

禅师回答："他们吃饭时不肯吃饭，忙碌来忙碌去；他们睡觉时不肯睡觉，计较来计较去。"

困了就睡，饿了就吃，这叫顺其自然。没有刻意规定非要什么时候吃什么时候睡。顺其自然，世间的一切都不过游戏，不过梦幻般的游戏，都无足轻重。生活可以如此简单。每个刹那都是完成。

每个刹那，你在做什么并不重要，重要的是你要有觉悟的心。觉悟的心，就是不去求这求那的心；觉悟的心，就是不去分别这分别那的心，就是喜乐的心。

带着喜乐的心，越过这个世界，犹如玩一场游戏。

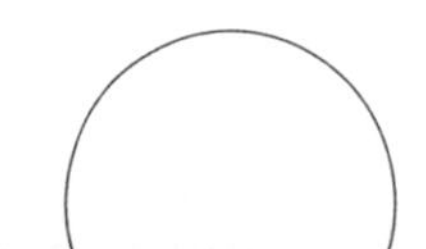

黑塞有一首诗：

每朵花都想变成果实，
每个早晨想变成夜晚，
尘世上没有永恒的事物，
只有流逝，只有变迁。
夏天再美可是它也想，
感受一下秋天和枯叶。

别动，树叶，你别着忙，
当秋风急欲将你诱拐。
玩你的游戏，不要抗争，
让这件事悄悄发生吧。
让刮掉你的秋风，
把你带回老家。

玩你的游戏，不要抗争。
让这件事悄悄发生吧。
让所有的事都悄悄发生吧。

食い気
みつきや

生活本来就是由一连串的琐事构成，
我们的生命必须时时加以忍耐，才能得以延续。

001

10000 小时是不是一个神奇的定律，并不重要，重要的是，我们做什么事，都不可能绕过或跳过时间这个坎，我们都只能在时间里耐心练习、打磨，最后才能成就一件事情。

002

生活本来就是由一连串的琐事构成，对此我们的生命必须时时加以忍耐，才能得以延续。但是，如果我们以欣赏湖泊山川的情怀去注视尘世中的是是非非，以仰望星空时的胸襟去处理生活中的形形色色，那么，琐碎的生活不就有了诗意般的安适？

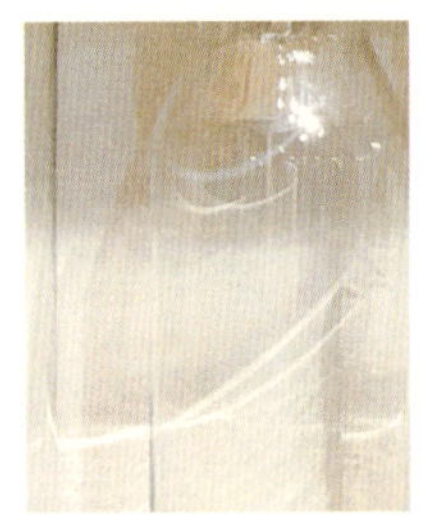

◇◇ ◇◇◇

003

所谓人生的价值、意义或幸福之类，

实际上只有一个标准，

那就是你做了，

全心全力地去做了你想做的而且是应该做的事。

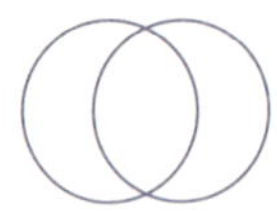

004

每天忙着化妆、忙着应酬、忙着算计……
能不能停下来，哪怕几分钟，
想一想：什么是真正属于我自己的，是别人无法夺取的？
什么是我自己具有的，不会消失的？

005

在忙忙碌碌的每一天，
当你在夜深时分，
静静地问自己几个“为什么”“难道”“到底”……诸如此类的问题，
然后静静地、一无所思地入睡。

◇◇ ◇◇◇

006

很多问题并没有什么答案，
坦然面对就是了；
很多事情并没有什么理由，
欢喜去做就是了；
很多道路并没有什么终点，
埋头前行就是了。

◇◇ ◇◇◇

007

有人问：应该怎样迎合市场呢？
我的回答是：这个问题的思路是错的。也许应该这样问，怎样让我自己喜欢的东西有市场？

◇◇ ◇◇◇

008

人生那么短暂，何必耗费在泥潭里，
不如绕道找一条偏僻的小路，
自己一个人静静地走吧。

◇◇ ◇◇◇

009

你无法抵抗身体的变化，你也无法抵抗四季的变化。
所以，在时间的流逝里，我们要学习做时间的朋友，
或者让时间成为自己的一部分，接受每一个阶段的自己，
接受每时每刻的自己。

水洗耶加雪菲
水洗哥伦比亚
616

◇◇ ◇◇◇

010

刹那之间，十多年过去了。

再好的事，过去了，

再糟糕的事，也过去了；

仿佛鸟儿飞过天空，没有留下一丝痕迹。

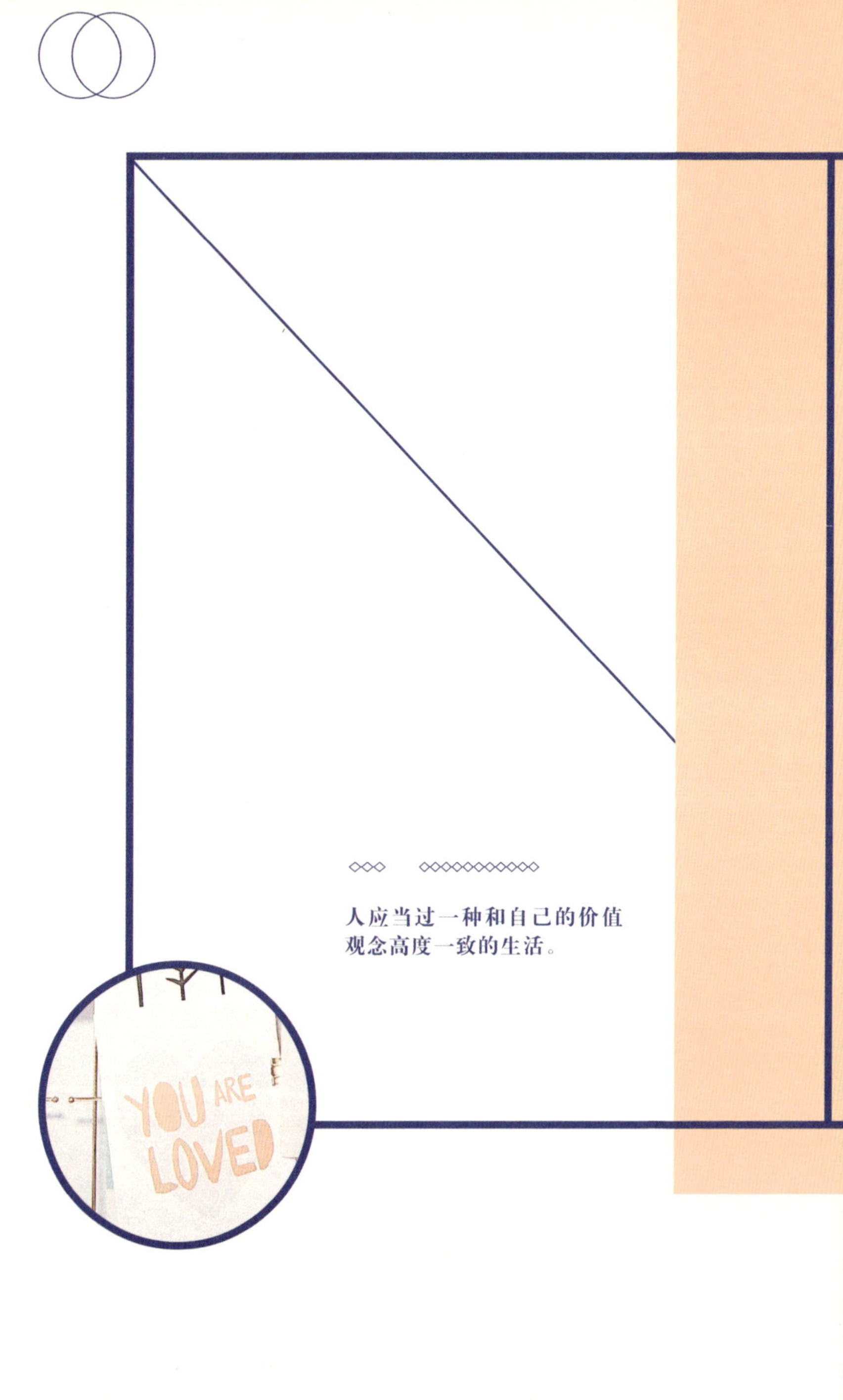

◇◇◇　◇◇◇◇◇◇◇◇◇◇◇◇

人应当过一种和自己的价值观念高度一致的生活。

人，总得相信一点什么。你不信轮回，没关系，但是否该相信因果？你不信因果，没关系，但是否该相信真善美？你不信真善美，没关系，但是否该相信人情常理？你不信人情常理，没有关系，你总该相信法律；你不信法律，没关系，但是否该相信人与动物总有那么一点不一样；如果你不信人和动物不一样，没关系，但，是否该去动物园了？

◇◇ ◇◇◇

011

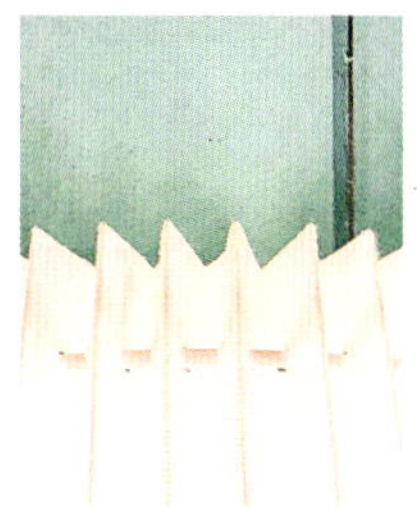

◇◇ ◇◇◇

012

真理并不是什么玄虚的理论，
而是在日常生活里随时放得下拿得起。
如此而已。

◇◇ ◇◇◇

013

生命绝对不是苦役，而是一次奇妙的旅程。这个旅程在我看来，不是跑步，不是追赶，而是体验，是融入。

◇◇ ◇◇◇

014

过去的已成时间的灰烬，既不能重复，更不能永恒，就让它随风而去，不要附着于心中，成为心情的羁绊。只有这样，我们的心才能广大如虚空，像风中的树叶，像天空中的白云，自由飘动。

◇◇ ◇◇◇

015

要有勇气“失群”，要敢于和别人不一样。要有勇气选择，打破你被固化的那个框框。人性并不是固定的一个什么东西，而是一个可以选择的广阔区域。

016

很少有雪中送炭，多的是锦上添花。
越是在寒冷的季节，
我们越是要学会为自己取暖。

017

人应当过一种和自己的价值观念高度一致的生活。
我们终究一死，
值得去试试我们内心渴望的那种生存状态。

◇◇ ◇◇◇

018

你所遭遇的一切，
不论好，还是坏，
都是你自己的生命生发出来的花和果。
好，或者，坏，
都是你生命的某个契机，
意味着新的开始，新的积累。
一切的苦厄，一切的快乐，都可以转化成深深的平静。

◇◇ ◇◇◇

019

真正有信仰的人，
把一生都当作了自我完善的修行。

◇◇ ◇◇◇

020

活着，不过一场寻找的旅程，
总是为着一个更美好的地方，
不断上路，不断改变。

FANTASTISK

世界太大了，我们就做好小小的自己吧。

◇◇ ◇◇◇

021

真正的人生不会停留在习惯或习见的表面，
而是融入日常里的琐事和细节，
觉知到快乐和痛苦、天堂和地狱；
真正的人生没有什么纠结，
没有什么等待，
没有什么眷恋也没有什么期望，
每一个当下的细微行动，
就是一个达成。

◇◇ ◇◇◇

022

一旦行走，走在异乡的大地或山河之间，你便会发现，你在自己城市的那些悲欢，在此地，完全没有了意义。

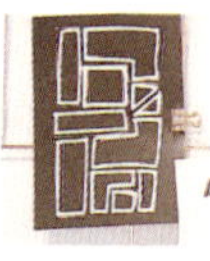

◇◇ ◇◇◇

023

活在世上，无非演戏和看戏。你在看别人演戏，别人也在看你演戏。你可以演得很认真，但一定要明白这是在演戏；你可以看得很认真，但一定要明白这是在看戏。一定要认真，认真了，很多事都能够做成；不必逢人就较真，较真了，什么事都过不去。什么事都过不去，就不好玩了。不就是一个事儿吗？

024

越是在好像势不可挡的大趋势大潮流里，越要停下来，用质疑的眼光打量一下。总能在大潮流之外找到自己的小天地。世界太大了，我们就做好小小的自己吧。

◇◇ ◇◇◇
025

每个时代，总有许多人在绝望之中，而另有许多人在希望之中。然而，无论绝望，还是希望，每个时代，就如此过去了；有些东西留下了一点点的痕迹，大部分却烟消云散了。

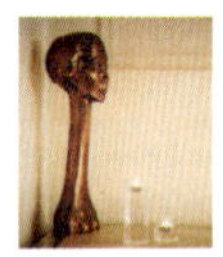

◇◇ ◇◇◇
026

这个年代创业，最重要的好像是抗噪音的能力，每时每刻各色人等都在秀各种的成功或理念，或鸡血或狗血。最后你会发现，不盲目地追逐“风口”，做最适合你自己的，才是了不起的人。

◇◇ ◇◇◇

027

为什么害怕年华老去呢？为什么不觉得只有在老年才有平静的美好时光？那时候，身体、语言都成为多余的事物。我们只在回忆里相遇，如同光与光的相遇。老年是多么美好的时光。

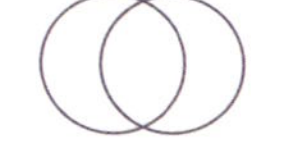

◇◇ ◇◇◇

028

以爱的名义占有，
以理想的名义杀戮，
都是人间的悲剧。

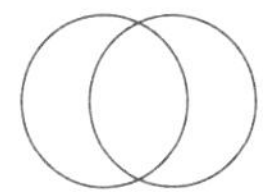

◇◇ ◇◇◇

029

热闹是容易的，
凑热闹是更容易的，
但安静是不容易的，
安安静静做好事情是更不容易的。

◇◇ ◇◇◇

030

大多数时候，并没有一个答案，
并没有一个结论，也没有一个解决的方法。
你能够做的，只是对于可能性的探寻，
只是在时间里静静等待。

◇◇◇　◇◇◇◇◇◇◇◇

低下反而可以充盈，破旧反而可以生新，

少取反而可以多得，贪多反而令自己迷失。

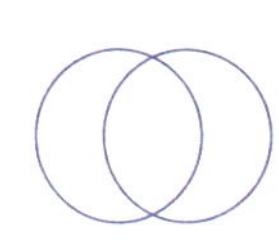

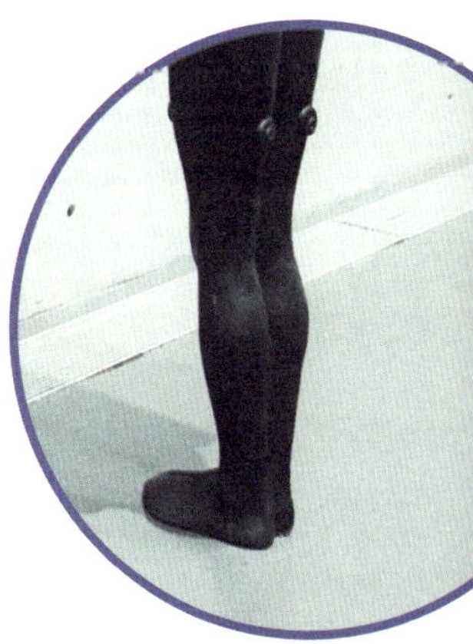

BUILDING YOURSELF AWARENESS /050

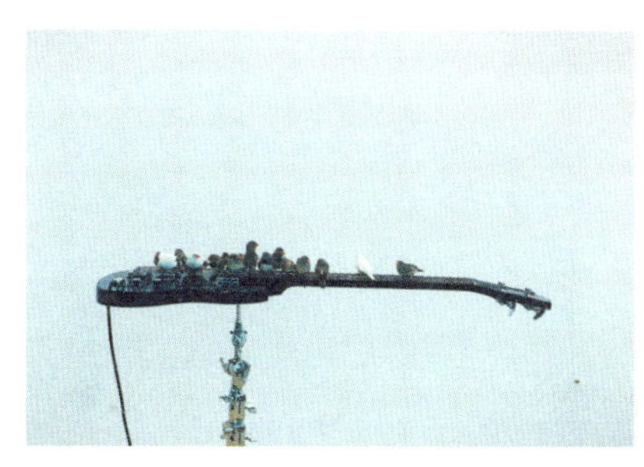

◇◇ ◇◇◇

031

每天淹没在无数的套话、陈腔滥调中，在言语的迷宫里疲于奔命。那些话，不是来自你的内心，而是你的社会角色。你会不会觉得，说出的话，即使声音洪亮，却并没有内在的力量，没有让你心安理得。

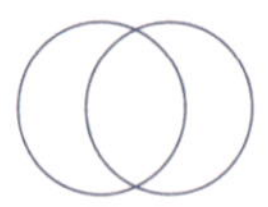

032

快乐本身没有害处，
有害的只是我们对于快乐的沉溺；
快乐本身很健康，
病态的只是我们一直追求快乐。

◇◇ ◇◇◇

033

把希望寄托在别人身上，会发现这个世界变得很动荡；
把希望寄托在自己身上，会发现这个世界变得很确定。

◇◇ ◇◇◇

034

很多人之所以焦虑，是因为他们不满现状，
却又每天厮混其中，既不想去改变它，
又没有勇气离开它。
于是，总是担心、埋怨，
日复一日，恶性循环。

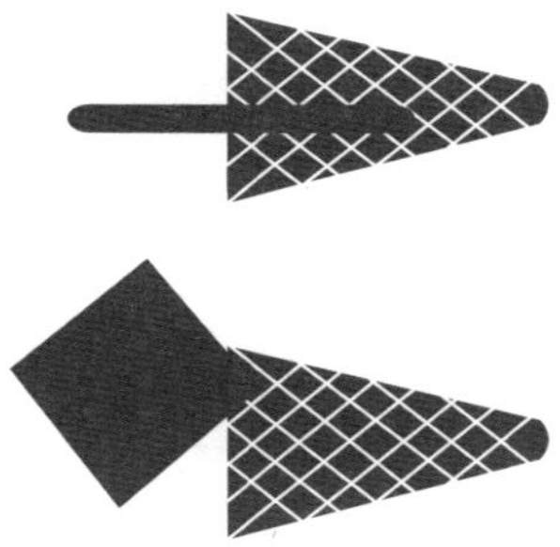

◇◇ ◇◇◇
035

圆满的人生模式应当像爬山一样：
从下到上，从狭窄到开阔，先苦后甜。
如果省掉了攀爬的动作，
所谓的游山玩水就可能失去了最深刻的教化意味。
上上下下，迷失之后的柳暗花明，
曲径通幽，坎坷与平坦，
这些反复或周旋与生命奋斗的历程相契合。

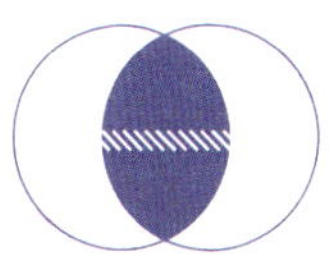

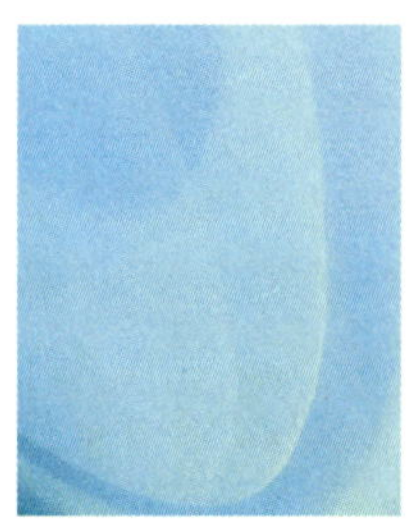

036

大家都不喜欢受委屈，然而，委屈反而能够保全；
弯曲也不是大家所喜欢的，然而，弯曲反而能够伸直；
以此类推，低下反而可以充盈，破旧反而可以生新，
少取反而可以多得，贪多反而令自己迷失，等等。

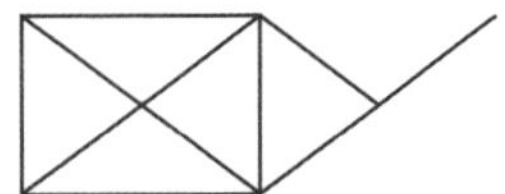

037

当你每天在办公室里明争暗斗时，
有没有偶尔抬起头来，
发现窗外有一抹远山若隐若现，
或者，有一片云彩刚好飘过？

038

快乐的人对于人生，
取了一种看风景的姿态，自在从容；
悲哀的人对于人生，
取了一种长跑比赛的姿势，执着劳碌。

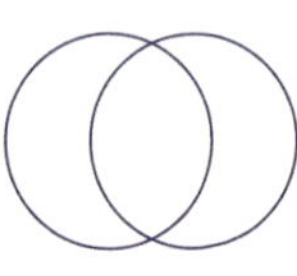

每个人活在世上，都应该在怀疑中不断去体验生命的奥秘，
找到属于自己的道路。

040

要有梦想，要有适合你自己的梦想，要把梦想融在庸碌的生活里，而不是离开生活每天仰望天空做梦。否则，你的梦想只会让你觉得怀才不遇、生不逢时，让你觉得日常生活就是炼狱，活着就是苦熬。

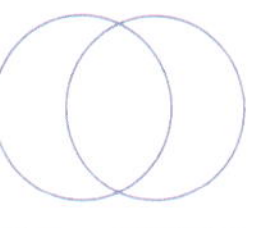

041

做自己喜欢的事，不仅需要情怀，
也需要勇气，更需要能力。
杰出的人，可以说做自己喜欢的事；
大多数的我们都很平庸、很普通，
还是诚实地说喜欢正在做的，就好了。

世界末日会不会来？

世界末日什么时候来，我不知道。我知道的只是，我一定会死去，他人也一定会死去。所以，不要去操心世界末日，还是想想自己的事情，想想会死去的生命应该怎么活。

043

自由并非胆大妄为，而是意味着对于宿命的承担、敬畏，自由并非意味着人定胜天，而是意味着把生活控制在自己能够控制的范围内。

◇◇ ◇◇◇

044

这句话真好：用最安静的力量穿过尘世。当你向上向下、往内往外，寻寻觅觅，最终你会发现：一切都将消失，一切都是浮云变幻，唯有安静的力量能带你越过尘世……

◇◇ ◇◇◇

045

无论外界如何对待你，无论外界发生什么，你并不会改变什么，那么，又有什么值得你去愤怒或痴爱？一句话，放下。如果放不下，整个世界都会成为你的敌人；如果放下了，整个世界就是你自己的一部分。

◇◇ ◇◇◇

046

我们一个人来到这个世界，最终也是一个人离开这个世界，没有什么可以依靠。唯一可以依靠的只有自己的思想、意志、体能。对于这个世界保持淡然，对于自己抱有希望。仅此而已。

◇◇ ◇◇◇
047

很多问题并没有什么答案，坦然面对就是了；
很多事情并没有什么理由，欢喜去做就是了；
很多道路并没有什么终点，埋头前行就是了。

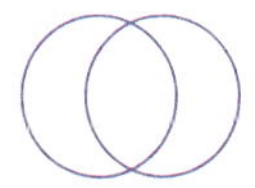

◇◇ ◇◇◇
048

因为我们不明白“本自有之”的道理，
所以，总是在向外寻找、求取，
而在寻找的过程里，我们不断地迷失，
不断地错过“本自有之”的喜悦与美丽。

◇◇ ◇◇◇

049

在人与人的关系上，
如果我们困守在某个狭小的界域，
那么，就只会是一种纠缠不清的拉扯。

◇◇ ◇◇◇

050

如果难以选择，不如不选择；
如果走投无路，不如就此停住。
停下来，把自己交给时间，
答案就在时间的灰烬里。

◇◇ ◇◇◇

051

这是一种解决欲望困扰的方法，
既不是跟着欲望走，也不是完全弃绝欲望，
而是面对它、观察它、体验它、训练它。
让欲望变成自己的一种经验，
而不是让自己成为欲望的灰烬。

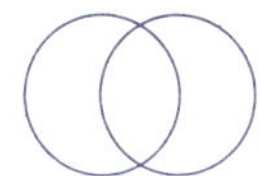

◇◇ ◇◇◇

052

有些事情，只要你坚持，就一定会有所收获，
比如，学习一门技艺，
再比如，挖一座山，即使你挖不完，
但只要像愚公那样子子孙孙坚持下去也能移动一座山。
有些事情，不论你坚持多久，
都可能一无所获，比如买彩票，
所以，并不是坚持就好，而是看你坚持什么。

◇◇ ◇◇◇

053

在人生的竞技场上，很多人站立的是同一个起跑线。
体力、才华、天赋也都差不多，
为什么有些人中途失败了，有些人到达了辉煌的终点？
我们比拼的好像不是才华，
而是谁有不出错的能力，往往是不出错的人跑到了最后。

◇◇ ◇◇◇

054

越是在好像势不可挡的大趋势大潮流里，
越要停下来，
用质疑的眼光打量一下。
总能在大潮流之外找到自己的小天地。
世界太大，
我们就做好小小的自己吧。

055

我们寄身的尘世不过一座桥梁，一个手段。
但是，我们在桥梁上盖起了房子，企图安居下来。
却忘了，我们经过此地，只是为了通过。

056

我想了很久，想不出有什么东西能够取代书籍。
在我们的有生之年，我们随时随地，可以通过阅读，
与各个时期各个民族的伟大灵魂对话，
我想不出有比这更美好的事情。

057

知道真相的人常常云淡风轻，
倒是不明真相的喜欢人叽叽喳喳、说东道西。
深情的人常常只说：天凉好个秋。
倒是情浅的人喜欢一把眼泪一把鼻涕说不完的情意绵绵。

◇◇ ◇◇◇

058

每个人的所谓现实，
其实是每个人自己成就的。
但每个人都以为有一个外在于自己的强大的“现实”，
都把成长当作了与“现实”妥协的过程。
这种谬误造成了无数烦恼平庸的人生。

◇◇ ◇◇◇

059

颈椎问题，用推拿、按摩，
其实都是暂时缓解，
真正的解决，不过是几个简单的动作，
每天坚持下来，问题就不是问题了。
大多数时候，大部分问题，是你自己可以解决的，
但你首先想到的不是自己去解决，
那么，问题就成了问题。

◇◇ ◇◇◇

060

有些事情只能放下，交给时间去解决。

每一个个人，都要独自面对自己的命运，独自面对这个世界。

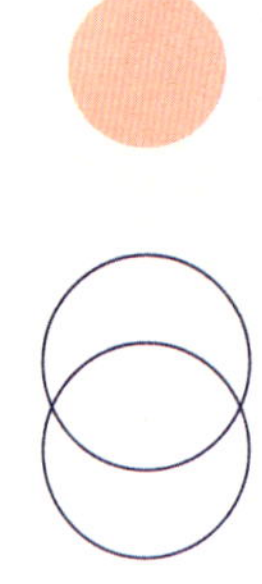

061

有些人只是工作，活着就是找一份工作，解决生计问题；有些人只是做事，活着就是要做自己喜欢的事，实现某种梦想。有些人只是做人，活着就是要成就某种人格，实现某种信念。这是完全不同的三个生命层次。

◇◇ ◇◇◇

062

是的，一切都会过去——贫穷会过去，痛苦会过去。但是，不去觉知，不去改变，一切还会再来，还有贫穷，还会痛苦。一直在轮回。

ULA

063

葡萄园四面围墙，唯有一小洞。狐狸为了进去，先把自己饿成瘦子。进了园子，尽情享受。又胖了，出不来。只好又饿三天，瘦了再钻出来。进去时什么样，出来时还是什么样。人一无所有来到世上，又一无所有地回去。

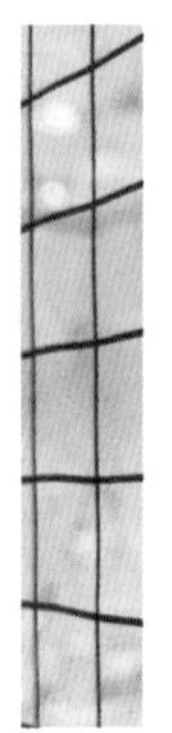

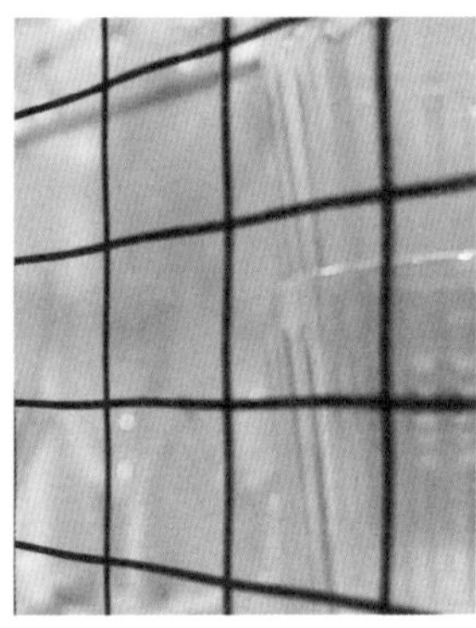

◇◇ ◇◇◇

064

庄子「相忘于江湖」的意思，并不是不要互相帮助，而是不要互相纠缠，不要互相成为彼此的负担或束缚。

065

很多人喜欢拣日子，以为拣好日子，就会有好事。其实，不是好日子有好事，而是你做了好事就有好日子。古人早就明白：「吉日行恶必凶，恶日行善必吉」，吉还是凶，不是看日子、看风水，而是看人，看人在做什么。

066

有一种教育，从小学到博士，几乎都在忙着找答案、下结论。
而福楼拜说：「愚昧就是一心想着下结论。」

067

拼命工作的前提是：你不觉得这是工作，而是你内心喜欢的生活的一部分，所以，拼命也不会丢掉命。如果这只是一份你用以谋生的工作，还是不要拼命，会丢命的。

068

这个时代太有意思了。唯一需要你自卑的是你的想象力总是跟不上现实的魔幻。

069

事情越多，越忙的时候，越要慢下来，越要专注于最重要的某一件很小的事情，安心去做。反而是不忙的时候，越要加快生活的速度。

070

有趣的事情是：那些渴望快乐的人总是选择不快乐的生活方式，
那些追求幸福的人每天都在播种痛苦的种子。

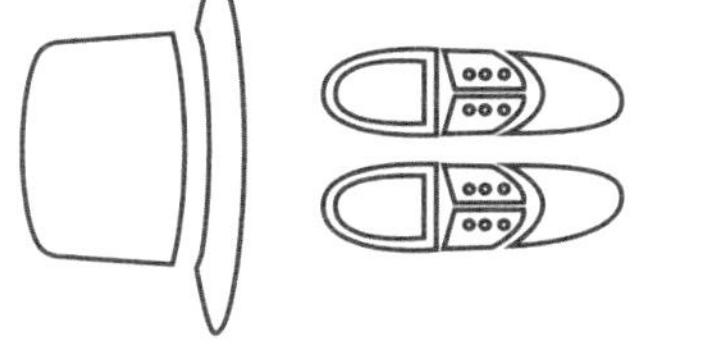

◇◇ ◇◇◇

071

当一切的苦难经过时间的洗礼，
当一切的欲望经过时间的磨炼，
倾诉、呼喊都变得没有什么意义，
剩下的是平静，
是对于不可知的敬畏。
人世间的一切都曾经经历，一切都在消逝，
唯一保持的，是对于爱、对于美的永不疲倦的期待。

◇◇ ◇◇◇

072

关于爱情，没有什么道理。

就像《雅歌》里说的：“来了，谁也挡不住。”

我们需要学习的是如何面对爱的无常，

学习在此时此地活出天长地久，

而非妄想着此时此刻会天长地久地存在下去。

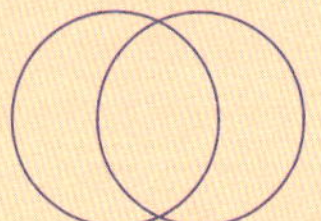

Art

◇◇ ◇◇◇

073

人生还是有终极的局限，有些事情就是没有答案，
没有解决的方法，大多数人，
就像穆旦说的：“我的全部努力，不过完成了普通的生活。”
所以，很多时候，我们所说的放下成见，
不过是放下幻想，放下面子。
接受命运，接受无常，
学会把普通的、有局限的生活过得很美好。

◇◇ ◇◇◇

074

现实里有很多我们没有发现的美，
也有许多超出我们想象的丑。

075

《悉达多》带给我们深邃的思考：
生命不过一个过程，
经验的过程，体验的过程，反思的过程，
在过程里我们接近自己，接近真相。

◇◇ ◇◇◇

076

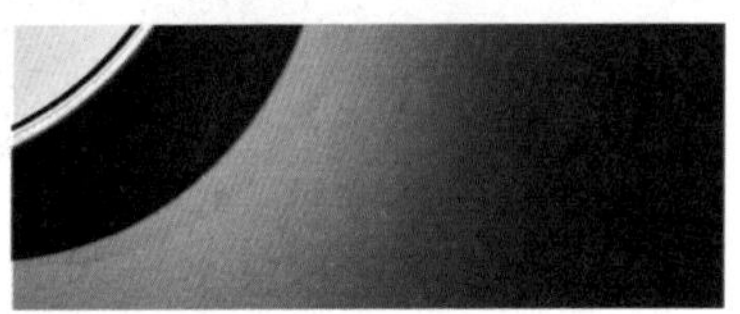

孤独并非一个人独处，
而是在人群中与众不同。
人与人之间，根本上难以沟通；
每一个人，都要独自面对自己的命运，
独自面对这个世界。

很喜欢俞平伯先生一篇文章的题目：人生不过如此。确实，人生就是这个样子，你活着，平平淡淡，但要活得津津有味。

◇◇ ◇◇◇

077

◇◇ ◇◇◇

078

如果你用心灵去观看，就会觉知到荣华的背后其实是荒凉，荒凉的背后其实是荣华，也就会觉知到福与祸的奇妙转换。因而，肯定不会迷惑于眼前的形色，不会因为眼前的所得而轻易喜悦，也不会因为眼前的所失而轻易悲哀。

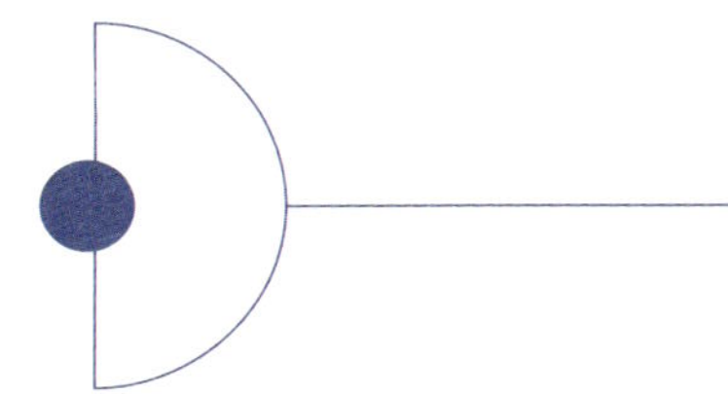

人与人，往往不过一个缘字。有些人你千言万语他也不能理解你；
有些人你一言不发他也会和你心心相印。
人与人，不必强求，不必刻意，不论如何，干净利落最好。

QUALITY
100%

不一定非要恶言恶语，只是慢慢地讲讲理，
也可以争取到你的权利；
不一定非要你死我活，只是好好地说说话，
也可以改变彼此的对立；
不一定非要惊天动地，只是平常里淡淡的坚持，
也可以改变我们的世界……

080

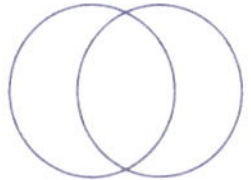

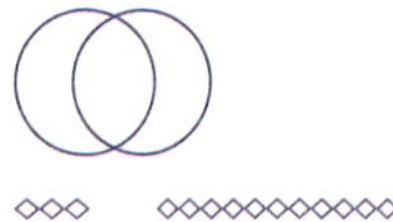

081

如果只是为了谋生，
就像陶渊明所说，谋生不过混个温饱，
是一件很简单的事，就算讨饭，
人也是可以活下去的。
如果谋生这件事，伤害了自己的内心，
那么唯一的办法，
就是回到简单的生活。
用简单来抵御这个世界存在的险恶，
用简单来化解这个世界存在的无聊。

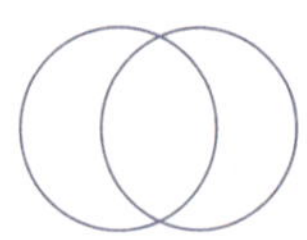

082

日本有一首和歌说：是非，年年岁岁；
初心，不可忘。
好好想一想，
我们的烦恼，我们的郁闷，
不是因为忘了我们最初的心愿吗？
不是因为我们变成了自己所不喜欢的人吗？

◇◇ ◇◇◇

083

不喜欢你的人，
不会因为你有多努力你有多大成就
而变得喜欢你；
所以，把不喜欢你的人当回事，
就是不把自己当回事。
世上到处是事，做好自己的事就是平安。

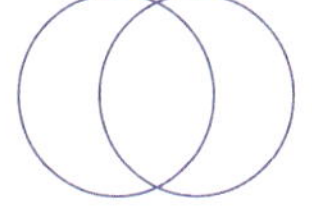

◇◇ ◇◇◇

084

帕慕克认为，我们在一生中
至少应该有一次反思：
我何以在特定的这一天
出生在特定的世界这一角？
这一个家庭？

又说自己反思后不愿抱怨，
“这是我的命运，争论毫无意义。”
接受命运，但要思考命运、洞察命运。
命运其实没有秘密。

085

我们做任何事情，都要明白最终的目的是什么，都要明白不论什么手段，只要坚持，只要心中有最终的去处，就一定能够到达那里。

086

有些人一辈子都在寻找真理。有些人一辈子都在寻找美。有些人一辈子都在寻找世俗的成功：金钱和权力。

寻找真理的人成了圣人；寻找美的人成了艺术家；寻找世俗成功的人成了俗人。有些人什么都不找，就那么活着，就那么活着成就了每一个当下。

谁比谁更幸福呢？一提这个问题，不幸福就开始了……

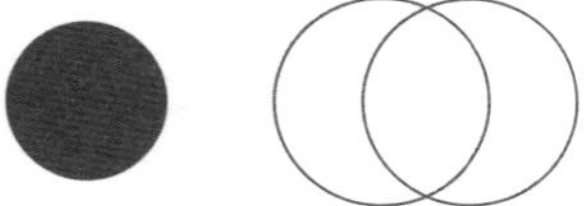

我们不明白什么是现实，却总说现实欺骗了我们。不明白什么是爱情，却总说受到了爱情的伤害……所以，看清楚了，看明白了，再说。嗯，看明白了就不说了。

◇◇ ◇◇◇

087

◇◇ ◇◇◇

088

不论这个社会怎么样，你都要把日子过下去；

不论未来怎么样，你都要把日子过下去；

重要的不是抱怨环境，不是担忧未来，

而是即刻做自己喜欢做的，

如果不能做自己喜欢的，

那么，就喜欢自己即刻能够做的。

O mundo da
tografia
Cake design
turbo
VISÃO
SUPER

◇◇ ◇◇◇

089

生如昙花，你应当欢喜盛开。
去喜欢你的人那里，去你喜欢的人那里，
做你喜欢的事情，走你喜欢的路。

◇◇ ◇◇◇

090

在忙碌的生活里，
我们忘了我们自身最宝贵的东西：
选择的意志。我们常常借口无法选择，
其实是懒惰和安于习惯。

◇◇ ◇◇◇

091

做什么并不重要，

吃饭、散步、带孩子、打扫卫生、开店、写作、旅行……

诸如此类，

没有什么是不能做的，重要的是在做的过程里，

你要成为你自己，

重要的是你应当时刻在行动里。

◇◇ ◇◇◇
092

“忽与一樽酒，日夕欢相持。”细细体会这句诗的深意，用现在时髦的话，就是看清了人生残酷的真相，还要好好活下去。

◇◇ ◇◇◇
093

体重一定要浪费在美味的食物上，爱情一定要浪费在你爱的人身上。

◇◇ ◇◇◇
094

说到垮掉的一代，一般人都会想到颓废、性放纵、吸毒之类，但杰克·凯鲁亚克谈到 1948 年他首次使用 *beat generation* 这个词时，寓有一个宏大的理想：摆脱了偏见的自由，把一种新的看待世界的眼光带给这个世界。

◇◇ ◇◇◇

095

远藤周作有此一问：

“究竟是要为了长寿而舍弃人生的种种乐趣，
只为了所谓的健康过日子呢，还是想着人终究一死，
不如吃好吃的、过自己喜欢的生活？”

所以，归根结底，活着，不过是一个价值观的问题。

生活是世上最罕见的事情，大多数人只是存在，仅此而已。*To live is the rarest thing in the world. Most people exist, that is all.*（王尔德）更悲哀的是，我们大多数时候连存在都不算，只是刷存在感，活在虚幻的存在里。

097

强烈推荐日本电影《垫底辣妹》。真是一部励志猛片，值得家长、老师、学生一起看。没有差生，每个人都有无限的可能性。

098

写论文，并非题目越大越有价值，很小的题目你若能挖掘出普遍问题就会有启迪意义；做事情，并非越大越有前途，很小的切入点你若能坚持做下去就会有广阔的未来。

◇◇ ◇◇◇

099

和一位非常有名的学术界前辈聊天，谈到在乱象丛生的社会如何自己保持不乱。又看到微信朋友圈一位朋友在感叹，他能够做的是不听、不看、不评论。在这样一个信息膨胀、套路繁杂的时代，个人也许只能多观察多思考，宁愿做局外人，也不要轻易跟随。

100

所谓的人际关系技巧，常常只是遮丑的功夫。与其在遮遮掩掩中不安地活着，反不如彻底抛弃那些“丑”与“恶”，培植良善的种子，既省了很多麻烦，生活也会变得明朗而祥和，不必忧惧，也不必算计、猜疑。

面临选择的时候，很多人喜欢去问别人，结果是在各种不同的意见里无所适从。其实，没有人比你自己了解自己，还是静下心来问问自己，遵循自己内心的喜悦，去做你当下就能够做的事。不需要犹豫，不需要别人的赞同。除了你自己内心的喜悦，还有什么是值得你去在意的？

◇◇ ◇◇◇

101

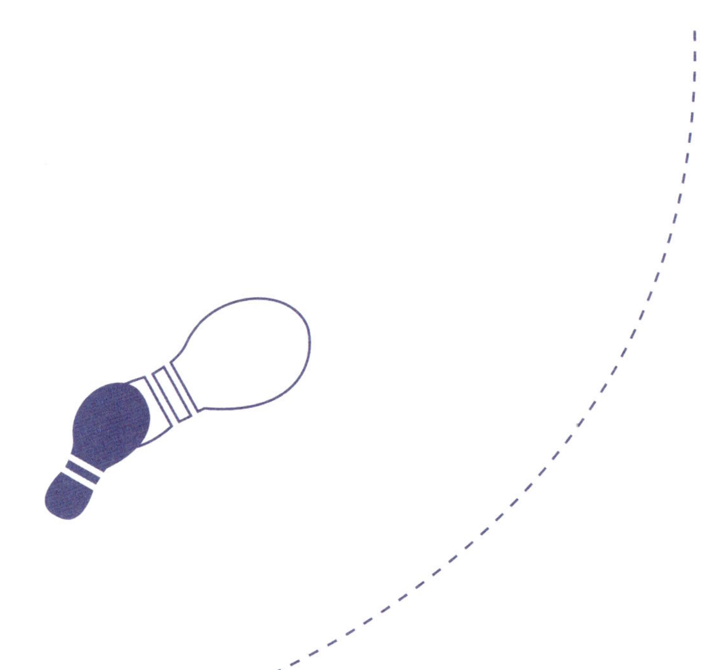

再好的纪律，再好的规则，
还是敌不过太多太多的意外。
我们设计好的人生，
总是在各种意外里，
最后一地鸡毛。

◇◇ ◇◇◇
102

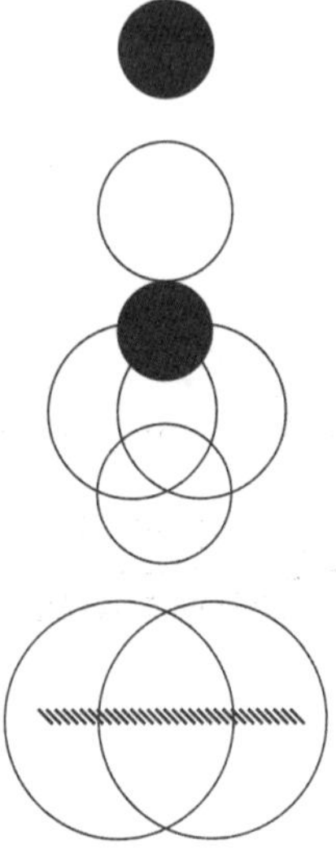

103

愿我们怀着觉知的心，在尘世的乱纷纷里，
走出自己的道路，做一个自由的人；
在尘世的枷锁里，跳出自己的舞姿，做一个自由的人，
愿我们自由的心带着我们完成此生的旅程。

104

人在悲观之中容易认清世界的真相，容易看清世界的本质。
所以，抑郁，或者郁闷，
如果我们把它用之于认识世界的真相，它就是很正面的情绪。

最好的相爱，确实是你我相忘于江湖。
彼此深爱，却从未失去自己；彼此深爱，却从不妄求永远。

105

◇◇ ◇◇◇

106

张爱玲曾说“人生安稳的一面有着永恒的意味”，“虽然每隔一段时间就要被破坏一次，但仍然是永恒的”。何谓安稳的一面呢，我的理解是：在社会的大环境里，个人是无助的、无力的。但是，在个人的世界，在细微的韵味里，个人可以把一切的变化慢慢推开，融入永恒的光影里。

◇◇ ◇◇◇

107

突然看到王尔德的一句话：“美的事物都令人悲伤”，又想到千利休说：“我只向美的事物低头”，而柏拉图说：“Beauty is difficulty .”

◇◇ ◇◇◇
108

我们从童年时代的自由自在、率性真诚，逐渐在成年时代演变成循规蹈矩、步步为营，生活变得越来越窄。坦坦荡荡携手去看通宵电影的 对老人恐怕并不多，大多数人，如雅斯贝斯说的："随着年龄的累积……走近了一座由老套、常谈、掩饰，以及不加拷问的接受所构成的监牢。"

Eduardo
Ribeiro
CAMÕES
IN ASIA
MY PORTUGAL
GEORGE MENDES
Lisboa
Urban Sketchers
URBAN SKETCHERS
STARTER PACK
Sticker Album
+ 21 Stickers
PANINI
OFFICIAL LICENSED
STICKER ALBUM

◇◇ ◇◇◇
109

其实，真正困难的并非难以改变的现实，
而是以困难为借口的不愿改变现实的心理惰性。

◇◇ ◇◇◇

110

很多时候，我们自欺欺人地生活着，
犹如生活在泡沫里，无论气泡多么美丽，
总有破灭的那一刻。
因为生活在泡沫里，我们内心非常不安，
时时恐惧。
真正的乐观，植根于悲观；
真正的欢喜，来源于绝望。

人生的真相是什么呢？一是有荣华一定有衰败，有成功一定有失败，有幸福一定有不幸；二是什么时候荣什么时候衰，并不是我们自己能够绝对控制的，就像四季，有它自己的规律。

◇◇ ◇◇◇

111

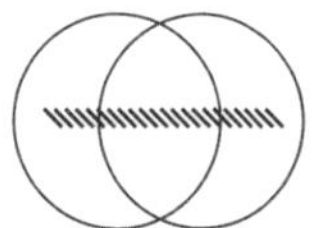

◇◇ ◇◇◇
112

米开朗琪罗曾说："给我一块石头，把多余的部分去掉，就成了美丽和谐的雕塑了。"不妨把生活看作雕塑，修剪芜杂的人生，至于结果，已经不重要了。

113

马克思说：「人所具有的，我都具有。」只要你是人，其实所有人性的种子都在你的意识里。你既是天使，也是魔鬼。你外向，同时你也内向。人性之丰富，不是几个简单的概念就能够框住的。

114

好的关系，可以让关系里的彼此一起成长。坏的关系，则让关系里的彼此共同消耗。

◇◇ ◇◇◇

115

人性总是安于现状的，总是很容易同流合污，总是避难趋易，总是为自己找各种借口，总是把软弱当作了坚强，总是指责别人而很少反省自己，总是流于虚饰的形式。

◇◇ ◇◇◇

116

传播变得易如反掌，但奇怪的是，真相好像越来越难以接近了。很多仿佛非常简单而清晰的事情，却成为一件件的罗生门。没有什么是可以完全信赖的，最后，我们能够信赖的，好像只是我们自己的判断力。

◇◇ ◇◇◇

117

鲍勃·迪伦说：如果你不是忙着求生，就是在忙着求死。我理解他说的求生指的是创造。求死指的是同流合污、随波逐流。

◇◇ ◇◇◇
118

我们大多数人，总想着“死期”遥远，
很多事情可以以后再做，
结果，一辈子都没有做回自己。

生命中多少风景在我们热切的寻求之中
与我们失之交臂，远远离去，直到临终，
回头翻翻生命的流水簿，
才幡然感悟到我们曾经错过了什么。

◇◇ ◇◇◇

119

乔布斯每天问自己:

如果明天我就要死了，我会做什么？他说在死亡前面，

一切烟云式的东西都变得微不足道，

留下的是你内心真正想要的。

只做自己内心想做的东西，只去自己想去的地方。

◇◇ ◇◇◇

120

人们经常感叹命运短暂，

而卢梭却说:

就人们过的那一种生活而言，时间倒是过得太慢了。

他的意思是，当我们没有真正利用自己的生命，

没有真正生活在自己的生活里，

时间就变得没有什么意义了。

◇◇ ◇◇◇

121

要经常放下，

不要让我们拥有的东西成为束缚我们的牢笼。

CZY.

◇◇ ◇◇◇

122

很多时候，美好的生活不过就是慢慢地喝一杯茶，在阳台或院子里慢慢地埋下一朵花的种子，慢慢地和一二朋友喝完一瓶小酒，太阳出来了还在梦里慢慢地游荡，在街边等车的时候慢慢地看着那么多乱纷纷的面孔，坐飞机的时候不经意间和邻座慢慢地聊了起来……

图书在版编目(CIP)数据

修心练习本/费勇著. 一上海:上海人民出版社,
2018
ISBN 978-7-208-15332-5

Ⅰ. ①修… Ⅱ. ①费… Ⅲ. ①人生哲学-通俗读物
Ⅳ. ①B821-49

中国版本图书馆 CIP 数据核字(2018)第 158579 号

责任编辑 马瑞瑞
封面设计 人马艺术设计·储平
插画、排版设计 梁秋君
摄　　影 张　聪　凌子瑜

修心练习本
费　勇　著

出　　版 上海人民出版社
(200001　上海福建中路 193 号)
发　　行 上海人民出版社发行中心
印　　刷 上海中华印刷有限公司
开　　本 889×1194　1/32
印　　张 5.5
版　　次 2020 年 5 月第 1 版
印　　次 2020 年 5 月第 1 次印刷
ISBN 978-7-208-15332-5/B·1352
定　　价 48.00 元